MES EXPERIENCES
A SEVE,
PRÈS PARIS,
ET EN DERNIER LIEU,
A BELLEVILLE,
BANLIEUE DE PARIS,

Pour prouver que l'on peut faire des Vins d'une très-bonne qualité; 1°, *dans les environs de Paris; 2°, dans les Provinces & les Pays qui ont abandonné la culture de la Vigne, il y a plusieurs siecles; contenant quelques nouveaux principes sur la Fermentation & le décuvage des Vins.*

Je me joue de la Vigne, je me joue des Vins, & je me joue des Terres. *Théorie de l'Auteur, sur le temps de la Vendange, page 3.*

Par M. MAUPIN, Auteur de la Richesse des Vignobles & de la Théorie sur les Cidres.

Prix, 20 sols, avec le reçu signé de l'Auteur.

A PARIS,

Chez { MUSIER, GOBREAU, } Libraires, Quai des Augustins.

M. DCC. LXXXIV.

Avec Approbation, & Privilége du Roi.

Ouvrages de l'Auteur qui se trouvent chez les mêmes Libraires.

LA richesse des Vignobles, ou nouvelle manipulation générale des Vins, contenant les principales expériences qui en ont été faites en France & dans les pays étrangers, & notamment celles qui ont été faites en 1771 par ordre & sous les yeux du Gouvernement, avec la description d'une nouvelle fouloire économique à double usage, nouvelle édition avec quelques légeres additions. Prix 3 l. 12 s. avec le reçu signé de l'Auteur.

Théorie ou Leçon sur le temps le plus convenable de couper la Vendange dans tous les pays & toutes les années, avec l'exposé critique des différentes manieres en usage dans tout le Royaume pour la manipulation des Vins, & de nouveaux éclaircissemens sur la nouvelle fouloire & le temps juste du décuvage des Vins.

Nouvelle méthode, non encore publiée, pour planter & cultiver la Vigne à beaucoup moins de frais, & en augmenter le rapport, *jointe à la Théorie sur le temps de la Vendage*, à l'usage de toutes les Provinces de France. Prix des deux ouvrages 3 l. 6 s. avec le reçu signé de l'Auteur.

Avis & Leçon à tous les Laboureurs, Cultivateurs, &c. ou Théorie d'un nouveau systême général pour l'administration économique de toutes les parties de l'Agriculture.

Les principales bevues des Vignerons, aux environs de Paris, & par-tout, ou avis très-important à tous les Propriétaires des Vignes, concernant la maniere de tailler & de gouverner, duns tous les points, toutes les Vignes faites, pour servir de suite à la nouvelle méthode de planter & de cultiver la Vigne.

Théorie & nouveaux procédés pour la fermentation & l'amélioration de tous les Vins blancs & des Cidres, avec une nouvelle instruction sur les Raisins bouillans, & un essai sur les avantages de l'introduction de la Vigne dans les Provinces de France qui ne la cultivent point, *joints aux principales bevues des Vignerons & à l'Avis & Leçon aux Laboureurs*. Prix des trois ouvrages réunis, 3 l. 12 s. avec le reçu signé de l'Auteur.

DISCOURS.

J'AI déja prouvé dans l'Avis & Leçon aux Laboureurs, & en dernier lieu dans la Théorie des Vins blancs & des Cidres que, malgré tous les préjugés & même l'expérience d'un grand nombre de siecles, la Vigne pouvoit parfaitement réussir dans toutes celles de nos Provinces qui ne la cultivent point, & qu'elle pouvoit y donner des Vins d'une très-bonne qualité. J'ose même dire que j'ai prouvé tout cela avec une telle évidence que, pour ne le point voir, il faut se fermer les yeux. J'ai traité la question sous tous les rapports, & je n'ai omis aucun des moyens nécessaires pour exécuter avec sûreté & économie. J'ai indiqué dans l'Avis & Leçon aux Laboureurs, depuis la page 12 jusqu'à la page 19, les especes de terre, les situations & les cepages les plus convenables. J'ai fait voir qu'avec ces conditions, on n'avoit point à craindre dans ces Provinces, que la Vigne fut plus sujette à la gelée qu'ailleurs. J'ai fait voir aussi, qu'à l'aide de ma nouvelle méthode, la plantation & la culture de la Vigne couteroient beaucoup moins qu'elles ne coutent à présent dans tous les Vignobles en général, & que les Raiſins acquerroient autant de maturité que dans pluſieurs des Provinces qui cultivent actuellement la Vigne. Je ſuis revenu ſur pluſieurs autres points dans ma Théorie des Vins blancs & de Cidres, depuis la page 47 juſqu'à la page 52. Je m'y ſuis particuliérement attaché à faire remarquer les grands avantages que la Normandie, la Bretagne, la Picardie & l'Artois pourroient retirer du rétabliſſement ou de l'introduction de la Vigne, & pour ne laiſſer aucun doute ſur la bonne qualité des Vins, je me ſuis appuyé des faits, & j'ai démontré, par des conſéquences évidentes d'un côté, que la pleine maturité des Raiſins n'eſt point néceſſaire, & qu'elle eſt même ſouvent déſavantageuſe, & de l'autre, que ma manipulation des Vins a inconteſtablement la propriété de remédier entiérement à la verdeur des Vins, ou plutôt ou plus tard, enſorte qu'en ſe conformant en tout point à mes principes, ce qui aſſurément n'eſt pas difficile, on peut, dans les Provinces dont il s'agit, faire des Vins d'une qualité égale & ſouvent ſupérieure à celle de beaucoup des Vignobles déja établis.

On doit voir par cet expoſé que j'ai été au devant de toutes les difficultés, & que les argumens que j'ai employés ſont de nature à devoir opérer la plus parfaite conviction, puisqu'ils ne pourroient laisser de doute qu'autant qu'on pourroit y répondre, & qu'assurément toutes les Académies ensemble ne le pourroient pas. D'après cela j'aurois dû penser que, dans les Provinces où il y a des Sociétés géorgiphiles, des Académies, un grand nombre de Maisons religieuses, de puissans propriétaires, & dans quelques-unes des Etats généraux ou provinciaux, on se seroit empressé de toutes parts, les uns par un motif, les autres par un autre, à se procurer mes ouvrages & à mettre la main à l'œuvre. L'empressement à enrichir son sol d'une grande production devenue pour lui exotique ou étrangere, est si naturel : le Vin est une boisson si précieuse, si particuliérement nécessaire à tous les pays qui en sont privés : la culture de la Vigne, dans ces pays, présente de si grands avantages aux particuliers, dont le sol y seroit propre, que je devois, ce me semble, m'attendre à voir dans tous les Ordres une émulation générale à profiter du nouveau moyen de richesse que je leur offrois; & j'aurois eu d'autant plus de raison d'y compter, que j'avois accompagné ce moyen de deux autres qui ne sont pas moins intéressans pour ces Provinces que pour tous les pays; mais depuis plus de 20 ans que j'écris & que je m'épuiſe pour répandre plus d'aiſance dans toutes les ſociétés, j'ai trop éprouvé l'indifférence des hommes pour avoir eſpéré que ceux dont il s'agit ſe rendroient à mes premieres invitations; & peut-être que le nouvel effort que je fais, en leur conſacrant particuliérement cet ouvrage, ne ſera pas plus heureux : j'en aurai sûrement beaucoup de regret, mais j'en tirerai au moins cet avantage qu'il me fournira une raiſon de plus pour juſtifier toutes mes réſerves, & particuliérement le refus que j'ai fait de donner la ſeule richeſſe du peuple, ou, pour mieux dire, la derniere partie de ce ſyſtême, car il eſt bon que l'on apprenne que j'ai donné la premiere dans l'Avis & Leçon aux Laboureurs. Cette derniere partie ſur l'économie rurale auroit eu principalement pour objet l'application des moyens & des vues que j'ai publiés dans la premiere rélativement à la culture des terres. Depuis quelques années un certain nombre de perſonnes me l'ont demandée, & pour me déterminer à la donner, elles ont employé toutes les conſidérations que le zele & l'amour de l'humanité peuvent ſuggérer. D'autres, animés de l'eſprit de la Religion, dont ils paroiſſent de dignes Miniſtres dans l'Ordre Religieux, ont été encore plus loin, ainſi qu'on le verra dans la lettre par laquelle je terminerai cet écrit. Je loue & honore le zele des uns & des autres; mais, ſans rappeller ici les raiſons que j'ai données ailleurs, & qui ne ſont pas à beaucoup près les ſeules, je bornerai ma réponſe, pour le préſent, à une ſeule queſtion, & je demande s'il ſe peut que je ſois obligé en conſcience de donner, & que cependant le corps de la ſociété, & en particulier les Ordres Religieux ſoient diſpenſés de recevoir (*a*); ou autrement, je demande ſi je dois donner, étant moralement certain, par une longue expérience, que le corps de la ſociété, auquel ſeul je pourrois devoir, ne recevra pas, ou du moins qu'il ne recevra pas dans le temps que je lui donnerai.

En effet, pour me renfermer dans deux exem-

(*a*) Pour rendre juſtice à qui elle appartient, je dois remarquer, à l'occaſion des Ordres Religieux, qu'indépendamment de pluſieurs Curés & Maiſons eccléſiaſtiques qui ont adopté mes procédés, je connois ou plutôt je ſais dans la Province un Chef d'Ordre qui, par pur zele pour la choſe publique, a non-ſeulement pourvu de mes ouvrages, ſes principales Maiſons, & je crois même toutes ſes Maiſons; mais encore a excité utilement ou inutilement pluſieurs autres Généraux d'Ordre à ſuivre ſon exemple. J'ajouterai encore que je n'ai trouvé nulle part plus de chaleur & d'intérêt pour l'humanité ſouffrante & pour le bien général que dans quelques Eccléſiaſtiques & Supérieurs d'Ordres Religieux.

ples, ma manipulation qui, depuis 1771 au moins porte tous les caracteres de la certitude la plus averée, n'eſt encore ſuivie au plus que par cinq à ſix mille perſonnes, tant en France que dans les pays étrangers; enſorte que ſur cent Propriétaires & Vignerons, il n'y en pas un qui exécute ma manipulation.

Ce n'eſt qu'au commencement du mois de Mai dernier que j'ai publié ma Théorie des Vins blancs & des Cidres, avec des vues pour l'introduction de la Vigne dans les Provinces qui ne la cultivent point; mais j'aurois donné ces parties ſeules qu'aſſurément elles auroient dû être recherchées avec le plus grand empreſſement dans toutes les Provinces, puiſqu'il n'y en a aucune qu'elles n'embraſſent & qui n'en ait beſoin: cependant quoique j'y aie joint l'Avis & Leçon aux Laboureurs le plus univerſellement intéreſſant de mes ouvrages, & les principales bevues des Vignerons qui ne ſont pas moins néceſſaires à tous les Vignobles, à peine, depuis le mois de Mai juſqu'à préſent, s'eſt-il vendu, pour toutes les Provinces, trois cens ou trois cens cinquante exemplaires de ces ouvrages, c'eſt-à-dire, qu'il ne s'en eſt peut-être pas vendu un où il auroit pu s'en vendre cinq ou ſix mille.

Je me borne à ces deux exemples parce

qu'ils ſont plus que ſuffiſans pour prouver ce que j'ai avancé plus haut, que ſi je donnois ce que je refuſe, on ne le recevroit pas, ou du moins qu'on ne le recevroit pas de la maniere qu'il doit l'être pour me faire une obligation de le donner.

Ce ſeroit ici le lieu de développer toutes les cauſes d'un engourdiſſement auſſi peu naturel & pourtant auſſi général; mais comme on peut les voir dans mes ouvrages, je vais paſſer aux expériences, ou autrement dit aux preuves qui ſont le principal objet que je me propoſe d'établir.

MES EXPÉRIENCES

AUPRÈS DE PARIS.

QUOIQU'EN étendant les environs de Paris à la diſtance de cinq ou ſix lieues, on trouve quelques Vignobles qui produiſent des Vins paſſables, & quelques-uns de fort bons en certaines années, on ne peut diſconvenir que les Vins des entours de Paris ne ſoient généralement mauvais; mais l'on ſe trompe très-fort ſi on l'impute au ſol ou à la température; l'hiſtoire prouve le contraire, & je me ſouviens très-bien d'avoir bu, dans mon jeune âge, des Vins de Triel & d'Andreſy d'une excellente qualité. On ſait encore qu'il y a eu un temps où les Vins de Mantes, de Surene & de quelques Vignobles voiſins avoient de la réputation.

Il réſulte delà que ce n'eſt point indiſtinctement au ſol ni à la température, ce qui ſeroit ridicule, qu'il faut imputer la mauvaiſe qualité des Vins des environs de Paris. La mauvaiſe qualité de ces Vins a trois cauſes principales; la premiere eſt, en ce que, pour avoir une plus grande quantité de Vin, on a ſubſtitué aux bonnes eſpeces les cepages ou raiſins les plus groſſiers & ſur-tout beaucoup de blancs; la ſeconde, en ce qu'attendu ſur-tout la groſſiereté des raiſins, on coupe la vendange généralement trop tard; la troiſieme, qui eſt la plus générale, conſiſte en ce que les Vins des environs de Paris ſont très-mal faits ainſi que par-tout.

Ces cauſes ne ſont pas les ſeules, il y en a encore d'autres très-graves, telles que la trop grande proximité des ceps en tout ſens, le provignage, couchage ou foſſes, & la trop grande quantité, & quelquefois la mauvaiſe qualité des engrais.

Avec un ſi grand nombre de cauſes de détérioration, il eſt bien difficile que les Vins des environs de Paris ne ſoient pas toujours mauvais, ou d'une très-petite qualité; cependant on va voir dans la premiere des deux expériences que je vais rapporter pour principales preuves, que, dans des années tardives & défavorables, il ſeroit très-poſſible que ces Vins fuſſent aſſez généralement d'une bonne qualité.

Premiere Expérience à Seve.

Cette expérience, exécutée chez un des premiers Commis de M. Bertin, a été faite à Seve, à deux lieues de Paris, au mois d'Octobre 1771, par ordre de M. Bertin, ayant alors le département de l'Agriculture. Il en a été dreſſé procès-verbal jour par jour. Ce Procès-verbal, ainſi que le rapport des Officiers du Corps des Marchands de vin & le Décret de la Faculté de Médecine, a été publié en entier dans un ouvrage que j'ai donné en 1772 au mois de Janvier; cependant j'ai cru devoir en extraire ici la premiere partie pour donner une idée juſte & bien circonſtanciée de la verdeur des raiſins que je cite pour exemple.

Extrait. Du 7 Octobre 1771.

» Les Vignes, dont on va parler, plus ou » moins bien placées, sont toutes situées à » Seve près Paris, & tournées *au Nord.* Le » sol, quoiqu'en partie graveleux, est plus » humide que sec, & par conséquent plus froid » que chaud.

» Celles de ces vignes qui ont été vendangées » cejourd'hui 7 Octobre, ont rendu onze pieces » ou demi-queues de vendange, peu pressées ; » on peut les évaluer à environ six pieces pleines » & bien foulées.

» Le 8, les vignes qui ont été vendangées, » en partie vignes faites, en partie jeunes plantes, » en partie vieilles vignes à arracher, ont don- » né environ huit à neuf pieces de vendange, » pleines & foulées comme la veille.

» Le 9, les deux seules pieces de vendange » que l'on ait apportées aujourd'hui, & par les- » quelles on a fini, ne sont point foulées, non » plus que les deux dernieres d'hier. Elles sont » destinées à échauffer la cuve. J'estime que la » totalité de la vendange peut être évaluée à » environ douze demi-queues pleines & bien » foulées.

» A l'égard de la qualité, très-peu, ou même » point de raisins entierement mûrs ; & ceux

» qui pourroient paſſer pour l'être, ne ſont que » doux, & point du tout ſucrés : le reſte aux trois » quarts ou à moitié mûrs. Il y a une très- » grande quantité de grapes qui n'ont pas même » commencé à raiſiner ou à tourner ; enſorte que » des raiſins noirs, il y en a beaucoup qui ſont » à peine rouges, & d'autres qui ne le ſont pas.

» On a apporté entr'autres, des vieilles vignes, » deux fortes demi-queues bien foulées dont la » vendange n'étoit préciſément que du verjus, » ſans qu'aucun raiſin eut pris ſa couleur. En gé- » néral je regarde la vendange comme ayant ſi » peu de maturité, qu'il n'eſt guere poſſible qu'elle » en ait moins ; auſſi malgré le foulage & la par- » faite expreſſion qui a détaché de la bourſe ou » écorce des raiſins, les parties les plus mu- » queuſes & les plus mûres, & par conſéquent » les plus propres à adoucir la liqueur, le moût » compoſé de la maſſe de tous ces raiſins, au » lieu d'être ſucré ou au moins doux, eſt-il » très-acide ; & il y a d'autant moins lieu de » s'en étonner, que, vu, du plus au moins, la » verdeur générale des raiſins, on n'en a fait » aucun triage, & qu'on les a mis tous en- » ſemble, ſans diſtinction de verdillons, de verjus » & du peu qu'il a pu s'en trouver de pourris ; » de maniere qu'on n'en a mis abſolument aucun » au rebut.

» Quoi qu'il en ſoit, les 7 & 8, les raiſins » dont heureuſement la plus grande partie eſt » compoſée de raiſin appellé meunier, & par » conſéquent de cépage rouge ou noir, ont été » foulés & égrapés par deux hommes qui n'ont » pas toujours été fournis, à meſure que ces rai- » ſins arrivoient de la vigne. Les premiers qui » ont été foulés, l'ont été avec les pieds, cha- » cun dans la futaille qui les contenoit; mais » la vendange étoit ſi dure, que pour expédier » & parvenir à l'écraſer parfaitement, il a fallu » changer, & avoir recours à des pilettes, & » encore ces inſtrumens ne nous auroient-ils » pas ſuffi, ſi, pour faciliter le foulage, nous » n'avions pris le parti de faire alternativement » retirer le moût ou liquide, & écraſer la ven- » dange de chaque piece, juſqu'à cinq & même » juſqu'à ſix repriſes de ſuite. (On auroit évité » toutes ces repriſes, & on auroit beaucoup » ſimplifié & abrégé l'opération du foulage avec » ma nouvelle Fouloire; mais je ne l'ai inventée » que depuis). Ces raiſins ſont ſi parfaitement » verds, que plus généralement, ce n'eſt qu'au » cinquieme & ſixieme foulage, qu'ils ont com- » mencé à teindre la liqueur. Auſſi n'eſt-ce » qu'avec beaucoup de peine que nous ſommes » parvenus à donner à tout le moût une cou- » leur paſſablement foncée ».

Ici finiſſent les détails ſur la qualité des raiſins, & commencent ceux qui regardent la manipulation du vin dans la cuve. Le 13, le vin a été tiré, & le lendemain, le procès-verbal a été clos & certifié.

On voit par ce procès-verbal que les raiſins ne laiſſoient rien à déſirer pour la verdeur, & cependant, dès le 19 Décembre ſuivant, lorſqu'en exécution des ordres du Magiſtrat de la Police, les Officiers du Corps des Marchands de vin à Paris ſe ſont tranſportés à Seve pour faire la déguſtation du vin de l'expérience, à l'effet d'en faire leur rapport au Magiſtrat: ce vin avoit déja une ſupériorité très-marquée ſur les autres vins du lieu.

Le rapport a été publié en entier en même temps que le procès-verbal de l'expérience.... « Nous, y eſt-il dit, avons été unanimement » d'avis que le vin de l'expérience eſt d'un goût » ſupérieur à celui des cinq eſſais que nous » avons pris nous-mêmes chez différens parti» culiers du lieu pour ſervir de comparaiſon: » la couleur en eſt plus belle, il *a beaucoup » moins de verd*, ce qui le rend plus eſtimable » & préférable à ceux du même canton, quoi» qu'on nous ait aſſurés que les raiſins du vignoble » avec leſquels on a formé leſdites ſix pieces de » vin (c'étoit toute la cuvée) *étoient tellement*

» *verds qu'on avoit peine à les écraſer;* en foi de » quoi nous avons ſigné le préſent. *Signé*, LERAT, DECOURTIVES, MORE, GERMEAU, DELAUNAY, MAZANGE & BOULARD.

Ainſi nulle doute, d'un côté, que les raiſins ne fuſſent exceſſivement verds, & de l'autre, que la manipulation qu'ont ſubie ces raiſins, ne ſoit très-ſupérieure à la maniere ordinaire, puiſque le vin qui en eſt réſulté, s'eſt trouvé lui-même ſupérieur en tout point aux autres vins du lieu dont une partie au moins, ne fut-ce qu'à raiſon de l'expoſition au midi, n'avoit pas le même déſavantage du côté de la verdeur des raiſins.

Mais combien le vin de l'expérience auroit-il eu encore plus davantage ſur les autres, ſi, au lieu d'employer trois jours à ramaſſer la vendange, elle l'eut été en un, & ſi, au lieu de n'occuper que le fond de la cuve & deux pieds ſeulement ſur cinq & deux pouces de haut que portoit la cuve, cette derniere eût été pleine. Ce déſavantage ſeul, ſur-tout avec des raiſins auſſi verds, étoit fait pour faire manquer tout-à-fait l'expérience. Il ne l'a pas fait à cauſe de l'excellence de ma manipulation; mais il eſt certain qu'il y a beaucoup nui, & que, ſans cet obſtacle, le vin auroit été dès-lors plus parfait.

Cependant comme il l'étoit aſſez pour ne laiſſer

laiſſer aucun doute ſur la ſupériorité de ma manipulation & ſur les grands avantages que les vignobles pourroient en retirer, le Miniſtre, pour la revêtir de tous les caracteres de l'authenticité, avant de lui donner la ſanction publique, crut qu'il étoit de ſa ſageſſe de la ſoumettre au jugement de la Faculté de Médecine de Paris, qui l'honora de ſon approbation en ces termes:

Décret de la Faculté de Médecine de Paris.

« Le Lundi, 3 Février 1772, la Faculté de » Médecine a entendu le rapport de MM. Mac» quer, Roux & Darcet, qu'elle avoit chargés » de lui rendre compte des Mémoires qui lui » avoient été préſentés par M. Maupin, ſur les » moyens de perfectionner le vin, & de remé» dier particulierement à ſa verdeur dans les » années où les raiſins n'ont pu acquérir une » maturité ſuffiſante. Le détail fait par MM. les » Commiſſaires, prouve *inconteſtablement* l'effi» cacité de la méthode propoſée pour corri» ger en partie, & ſouvent même entierement » la verdeur des vins, & pour les rendre moins » mordans & plus parfaits à tous égards. Une » boiſſon auſſi générale, privée de ſon défaut » le plus commun, & augmentée de qualité, » devient un objet également précieux pour la » ſanté & pour le commerce; les vins bien

» préparés & de bonne espece seront toujours » conseillés de préférence à tous autres, par les » Médecins qui ne s'occupent pas moins à pré» venir les maladies qu'à les combattre, & le » commerce, tant intérieur qu'extérieur des » vins de France, sera d'autant plus en faveur, » qu'ils deviendront supérieurs en qualité.

» Il n'est pas douteux que les vignobles doi» vent se porter à jouir de ces avantages, & à » les repandre dans la Société, puisqu'il ne tient » absolument qu'à eux, &c.

» Ces motifs ont engagé la Faculté à approu» ver unanimement les découvertes de M. Mau» pin, comme capables de prévenir les maux » réels & fréquens occasionnés par les vins d'une » mauvaise qualité, & de procurer un bien con» tinuel à l'Etat & au Public : elle a donc cru » devoir donner le témoignage le plus avanta» geux des lumieres & des travaux de l'Auteur, » au Ministre (M. Bertin) que son zele & sa » sagesse ont engagé à demander sur cet objet » important, le sentiment de la Faculté de Mé» decine. *Signé*, P. D. R. LE THIEULLIER, » Doyen ».

Le Décret de la Faculté de Médecine ayant completé toutes les formalités nécessaires pour revêtir cette premiere expérience de la forme la plus juridique & la plus authentique, le succès en fut annoncé par ordre du Gouvernement, dans les principaux vignobles du Royaume par deux mille lettres circulaires imprimées au Louvre.

Quant à l'expérience, la suite & l'événement du vin justifierent pleinement le jugement avantageux qu'en avoient porté les Officiers du Corps des Marchands de vin : ce vin s'est conservé plus que le double de ceux du même lieu. Au bout de l'année, *il avoit totalement perdu sa verdeur*, & avoit acquis une qualité assez grande pour qu'on le prît pour du vin d'Auxerre, ainsi que les vins des mêmes parties de vignes, qui, dans les années suivantes, furent faits selon le même procédé. Il a été vendu dix livres par piece de 240 bouteilles plus que les autres vins du même lieu, quoiqu'il y en ait un grand nombre dont les vignes sont beaucoup mieux exposées ; aussi, l'année d'après, les mêmes hommes qui avoient servi à la manipulation de ce vin, qu'ils croyoient absolument perdu, parce qu'il avoit été fait autrement qu'à leur maniere, ne vouloient-ils pas le reconnoître pour vin du pays. Selon eux, il étoit impossible qu'il en fut, ou si c'en étoit, il falloit qu'il eût été corrigé & amélioré par du vin de Roussillon. La vérité pourtant est qu'il n'avoit été nullement mélangé, & que sa supériorité n'étoit due uniquement qu'à ma manipulation.

J'ai déja rapporté ces faits & les différentes pieces que je viens d'expoſer dans pluſieurs de mes ouvrages, & notamment dans la richeſſe des vignobles ; ainſi il ſemble que j'aurois pu y renvoyer ; mais comme un ſimple énoncé de ces faits & de ces pieces n'auroit pas ſuffi apparemment pour exciter l'émulation du Public, j'ai cru ne pouvoir me diſpenſer de les mettre de nouveau ſous ſes yeux.

Que de triſtes réflexions, ces faits déja paſſés depuis douze ans, me donneroient ſujet de faire ici ſur les événemens de ma vie, & le ſort de la plus riche de nos récoltes ! Combien de mauvais vins qui auroient pu être bons ? Combien de vins perdus qui auroient pu ne pas l'être ; ſi j'avois été moins contrarié par le ſilence, ou qu'il y eût eu moins d'indifférence dans la Capitale & dans les Provinces ! Mais, pour ne pas m'étendre, je me bornerai aux deux conſéquences, en vue deſquelles, principalement, j'ai rapporté ces faits.

La premiere de ces conſéquences qui eſt générale pour tous les pays, quoique j'en faſſe l'application particulierement aux vignobles des environs de Paris, eſt qu'à l'aide de ma manipulation, on peut faire des vins de bonne qualité avec des raiſins très-verds, & que, par conſéquent on peut, dans les environs de Paris, comme ailleurs, faire de bons vins dans les années tardives & peu favorables, pourvu qu'il n'y ait point, ou que très-peu de pourris, & que la vendange ne ſoit compoſée, en tout ou du moins pour la beaucoup plus grande partie, que de raiſins noirs (*a*), d'où il réſulte, & c'eſt la ſeconde conſéquence, qu'en ſuppoſant ce qui n'eſt pas, que les raiſins ne pûſſent jamais acquérir qu'une maturité très-incomplete dans les Provinces & les pays qui n'en produiſent plus, on pourroit toujours dans ces Provinces, faire des vins de bonne qualité, & même toujours ſupérieurs à ceux que peuvent faire actuellement les Vignobles d'auprès de Paris, en ſe conformant par ces Provinces à toutes les conditions énoncées dans l'Avis & Leçon aux Laboureurs, ſoit pour l'aſſiette ou ſituation des vignes, ſoit pour le choix des cepages ou eſpeces de raiſins, ſoit pour l'eſpacement & la culture de la vigne.

Je ne ſais quel parti prendront les Vignobles

(*a*) Ce n'eſt pas qu'il n'y ait quelques bonnes eſpeces de raiſins blancs; mais outre que ce n'eſt point avec ces eſpeces que l'on peut faire du vin rouge, quoiqu'en certaines années, elles pûſſent lui donner de la qualité à quelques égards, c'eſt que ce ne ſont point celles-là que l'on cultive dans la vue de l'abondance, mais bien les plus groſſieres.

des environs de Paris, les provinces & toutes les Provinces ; mais je ſuis bien certain qu'il n'eſt pas poſſible d'échapper aux deux conſéquences que je viens d'expoſer. La premiere ſe déduit forcément de l'expérience, & la ſeconde ſe déduit forcément de la premiere ; car enfin le pis aller dans les Provinces dont eſt queſtion, ſeroit que les raiſins n'y mûriſſent point completement, & que même ils fuſſent verds & très-verds ; mais en ce dernier cas-là même, il eſt prouvé par l'expérience la plus préciſe & la plus authentique, que les vins ſeroient d'une bonne qualité, qu'ils perdroient entierement leur verdeur, & qu'ils ſeroient d'un très-bon goût, & agréables.

Il n'y auroit qu'un ſeul moyen pour ſe défendre de ces conſéquences & des effets qui en réſultent, ce ſeroit d'attaquer le fait même, c'eſt-à-dire l'expérience ; mais, outre qu'il n'y a pas d'apparence qu'on ſe le permette jamais, c'eſt que ce ne ſeroit pas aſſez, il faudroit encore attaquer les témoignages réitérés & bien circonſtanciés dont m'a honoré le Miniſtre ſous les yeux duquel j'ai opéré en 1772, & M. de la Galaiſiere, alors Intendant de Lorraine, & aujourd'hui d'Alſace, dont j'ai dirigé la façon des vins en ſa préſence en 1774 (*a*). Ce n'eſt

(*a*) Je voudrois bien éviter les détails ; cependant je

pas tout encore, il faudroit démentir les témoignages sans nombre que j'ai reçus, depuis quatorze ans de toutes les Provinces ; & des différens pays de l'Europe, & qui, tous attestent d'après leur propre expérience, l'excellence de ma manipulation pour tous les vins verds ou non verds. J'ai rapporté les principales de ces expériences dans la Richesse des Vignobles, & j'ai fait mention d'un assez grand nombre d'autres dans les ouvrages que j'ai donnés depuis. Parmi celles qui sont nouvellement parvenues à ma connoissance, il y en a deux, entr'autres dont le succès est si distingué & si tranchant sur la matiere dont il s'agit ici, je veux dire sur l'amélioration des vins verds, que j'ai été fort tenté de les rapporter ; mais je veux abréger, autant qu'il est possible, & ce point est déja averé depuis si long-temps, que je me reprocherois même de l'a-

---

ne puis m'empêcher de remarquer que, des six cuvées de vin de M. de la Galaisiere, formant en total environ quatre-vingts pieces, la derniere de ces cuvées, quoique composée de raisins communs appellés dans le pays, raisins de grosse race, & beaucoup plus verds que mûrs, mais presque tous de cepages rouges, a rendu un vin étonnant, & d'une qualité qui a émerveillé les Vignerons eux-mêmes. *Voyez la cinquieme expérience & les Lettres de M. de la Galaisiere dans la Richesse des Vignobles.*

voir traité dans cet écrit, si cela ne m'avoit paru absolument nécessaire pour le principal objet que je m'y propose.

DEUXIEME EXPÉRIENCE

A BELLEVILLE EN 1783.

APRÈS avoir établi dans la premiere expérience que l'on pouvoit, dans les Vignobles des environs de Paris, & dans les Provinces dont il y est parlé, faire de bons vins, des vins bourgeois, & sans arriere goût, ou ce qu'on appelle goût de terroir, avec des raisins verds & très-verds, mon dessein est de prouver dans celle-ci, que, dans certaines années, on peut, avec des raisins mûrs, faire dans les mêmes lieux, des vins d'une très-bonne qualité, & tels qu'ils peuvent être, dans les mêmes années, dans les Vignobles reputés bons.

Persuadé que je ne pouvois donner plus d'évidence à cette preuve, qu'en opérant sur des vins ou raisins de la Banlieue même de Paris, je me déterminai à faire cette expérience à Belleville, qui n'est, pour ainsi dire, qu'à une portée de fusil des barrieres; mais comme je n'avois ni cuve, ni aucun des instrumens nécessaires, cette considération & la difficulté que j'aurois trouvé à me procurer une grande quantité de vendange, me déterminerent à ne m'en assurer que de quelques sommes. Un de mes amis, très-connu & estimé dans le lieu, entra dans mes vues, & voulut bien me prêter dans sa maison, toutes les facilités qui dépendoient de lui. En changeant, dans quelques points, ma manipulation générale (car il faut toujours y revenir) j'avois quatre procédés différens pour faire le vin de cette expérience; mais comme à l'égard des vins rouges, il n'y a guere que ma manipulation générale qui soit bien connue, je jugeai à propos de la préférer; en conséquence je fis établir ma nouvelle fouloire dans une futaille ou poinçon de deux cents quarante à deux cents cinquante bouteilles; & comme vû sa très-petite quantité de vendange, je m'attendois bien qu'à quelque degré que fut la température, je ferois bien de chauffer, je m'étois pourvu de mon entonnoir.

C'est le 23 Septembre dernier que je commençai cette expérience, & c'est sur les 11 heures du matin qu'arriva la premiere somme de vendange, consistante en une demi-queue remplie à la Vigne à grape seche. La vendage étoit un peu tiede à raison du soleil par lequel elle avoit été coupée; elle étoit composée en entier, ainſi que la ſeconde ſomme, de raiſins noirs de différentes eſpeces, généralement bien mûrs & très-ſains, n'y en ayant point, ou qu'infiniment peu de pourris.

Je ne fis fouler cette premiere ſomme que pluſieurs heures après, afin de mettre moins d'intervalle entre la foulée de cette ſomme & celle de la ſeconde. J'aurois même attendu que cette derniere fût arrivée ſi j'avois eu aſſez de vaiſſeaux, & que je n'euſſe point été obligé de vuider la premiere pour faire place à la ſeconde qui arriva ſur les quatre heures. Celle-ci, à la différence de l'autre, étoit très-froide, parce qu'elle avoit été coupée par une grande pluie qui n'étoit rien moins que douce. Je n'en pris que quatre hottées, dont une partie fut réſervée pour les chaudieres; l'autre partie fut foulée auſſi-tôt. La vendage foulée fut bien couverte avec les planches de la fouloire, dont les jointures furent bouchées comme je l'enſeigne. Le tout fut achevé à cinq heures du ſoir, à ſix heures, quand je me retirai, le moût ou vin étoit très-froid, & le marc étoit au fond du vaiſſeau ou du moins dans le liquide. Le thermometre marquoit, à ſept heures du matin, 13 degrés au-deſſus de 0, à midi 14, & à cinq heures du ſoir 14.

Le lendemain 24, à neuf heures du matin,

quand je ſuis arrivé, le marc étoit peut-être un peu monté, mais il nageoit encore dans le fluide à la ſuperficie, & tout étoit froid, ſans mouvement ni bruit. Le moût étoit déja très-coloré. Depuis ce temps, juſqu'à onze heures du matin, on a chauffé ſucceſſivement en quatre fois, dans la même chaudiere, environ deux ſceaux de raiſins qui n'ont pas été égrapés non plus que la vendange. Il auroit été mieux de mettre la premiere chaudiere la veille, à dix heures du ſoir, après s'être aſſuré que le marc ne pouvoit monter de lui-même que très-longuement, mais l'on ne pouvoit rien faire ſans moi, & je n'étois point ſur le lieu; enſorte qu'au lieu de mettre l'une le ſoir & l'autre le lendemain, après que le marc auroit été monté, j'ai été forcé de les entonner toutes deux de ſuite: encore ce puiſſant véhicule n'a-t-il pas produit dans le moment un effet bien ſenſible? Ce n'eſt que quatre heures après que le marc a pris le deſſus, & qu'il a achevé de couvrir la liqueur. Le ſoir, la fermentation, à en juger par le bruit, commençoit ſenſiblement à s'établir.

Le 25, dès midi, l'ébullition étoit dans ſa plus grande force, le marc étoit monté de quatre pouces, le vin moins doux que la veille, mais n'ayant pourtant rien de piquant; la vapeur du marc bonne, mais très-peu gazeuse, ou peu chargée du fumet de la fermentation. Peut-être est-ce, en grande partie, l'effet de la petite quantité de Vendange. Peut-être aussi est-ce dans les 20 heures que j'ai passé sans voir ce vin, que s'est remontrée la période dans laquelle il s'est le plus exhalé de ce gaz ou fumet. Quoi qu'il en soit, l'odeur étoit déja un peu vineuse.

Le 26, à deux heures après midi, le marc étoit à la même hauteur que la veille; je l'ai fait arroser pour la premiere fois, & je l'aurois même fait arroser plutôt si je l'eusse vu plutôt. A six heures, il pouvoit être baissé d'une ligne; mais le bruit, quoiqu'encore grand dans le marc, étoit beaucoup diminué, & le vin avoit décidément le caractere de vin, & c'est pourquoi j'ai été sur le point de le faire tirer, quoiqu'il eut encore en partie le goût de moût, & je l'aurois fait si je n'avois regardé que moi; je l'avois même fait arroser une seconde fois dans cette intention; mais voulant éprouver si, ce que je ne croyois pas, 14 ou 15 heures de cuvage de plus suffiroient pour emporter ce reste de goût de moût, je me déterminai à attendre au lendemain.

Le 27, à 9 heures du matin, il n'y avoit plus aucun mouvement dans le bas du vaisseau,

& le bruit étoit infiniment diminué dans le haut. Le marc étoit au même degré d'élévation que la veille; ce qui prouve que l'abaiſſement du marc, quand il auroit été un moment où je l'aurois donné moi-même pour indication du décuvage, n'eſt rien moins que sûr. *La converſion du moût en vin;* voilà l'indication générale, & celle que j'ai donnée dans tous les temps. Le vin n'avoit que très-peu perdu de ce qui lui reſtoit de douceur, enſorte qu'à tout prendre, j'aurois mieux fait de le tirer la veille, avec d'autant plus de raiſon que le marc, dont j'avois pris quelque peu à la ſuperficie,& que j'avois mâché, m'avoit paru vineux; mais, autant qu'il eſt poſſible, je multiplie les épreuves dans les épreuves, ſinon pour moi, du moins pour le public. J'ai à répondre à tant de monde & ſur tant de choſes différentes, que je ne puis trop m'éclairer moi-même pour éclairer les autres, ſur-tout dans les cas rares; & celui-ci, ſans m'être inconnu, eſt abſolument nouveau pour moi. Depuis 24 ans que je fais du vin, je ne m'y ſuis pas trouvé, pas même en 1762, où la vendange étoit ſi parfaite & les vins ſi vineux. A en juger par les autres vins du même lieu, où j'ai fait le mien, il eſt à croire que, quelle que ſoit la diſpoſition de l'année ou des raiſins, je ne m'y ſerois point trouvé ſans la petite quantité de vendage peu propre à une fermentation complette, & ſur-tout ſi, au lieu d'attendre au lendemain pour échauffer la liqueur, j'euſſe commencé dès le jour même, ainſi que je l'ai dit plus haut.

Il en eſt à-peu-près des vins, en certaines années ou en certaines circonſtances, comme il en eſt toujours des cidres; on ne peut trop précipiter leur fermentation, & par conſéquent les échauffer trop tôt pour aider la diſſolution des parties muqueuſes, & la rendre plus univerſelle, lorſque la vendange eſt foulée avant d'être jettée dans la cuve.

C'eſt un nouveau principe ſur la fermentation qu'il faut ajouter à tant d'autres que j'ai établis, & en même-temps ma réponſe à quelques perſonnes des Provinces méridionales qui, à ce qu'elles viennent de m'apprendre, ſe ſont trouvées dans le même cas que moi, quoiqu'avec des cuvées incomparablement plus fortes.

Ce n'eſt pas que hors certains cas que j'ai exceptés par vue d'économie, je n'aie déja établi le même principe comme regle générale; mais il eſt d'autant plus néceſſaire que j'en faſſe une application particuliere au cas dont il s'agit, que, d'après les lettres que j'ai reçues, je vois qu'il y a un aſſez grand nombre de perſonnes qui attendent beaucoup trop tard pour mettre les chaudieres, quoique j'aie toujours enſeigné qu'il faut les entonner auſſi-tôt que le marc recouvre la liqueur, ou tout au moins dès qu'il eſt poſſible de les employer.

Si, en ſe conformant à la nouvelle regle que je viens d'établir, le vin, quoique fait, ayant le caractere & le goût de vin, & une odeur vineuſe, ſans vapeur ſenſible de gaz, conſervoit encore un reſte de douceur, après avoir ſubi la fermentation dont on a lieu de le croire ſuſceptible; alors, ſans plus attendre, il faut faire comme j'ai fait, c'eſt-à-dire, il faut le tirer, parce qu'en le laiſſant cuver plus long-temps, il ne pourroit que s'affoiblir par l'évaporation d'une partie de ſes eſprits dans le marc.

Ceci eſt une exception à la regle générale, & non abſolue, que j'ai établie pour le décuvage des vins, & il ne faut pas s'étonner de cette exception, car elle n'eſt aſſurément pas la ſeule que j'euſſe à propoſer, ſi je donnois tous les procédés qui me reſtent à publier, & que j'ai annoncés pour la façon des vins; je dis procédés & non pas méthodes, parce qu'il n'y en a qu'une ſeule générale, qui eſt celle que j'ai donnée & à laquelle il faut toujours revenir, quoiqu'on puiſſe, en certains points ſeulement, en varier la forme: elle eſt & ſera toujours le fond de toute bonne manipulation des vins. Que l'on ajoute quelqu'ingrédient, que l'on en change ou varie quelques opérations telles, à quelques égards, que le foulage, la forme des cuves, l'extraction du marc, &c. (*a*) on fera toujours mal dès qu'on s'écartera dans la plus grande partie des points, des principes & des pratiques que j'ai donnés pour regles générales de la maniputation. Ma théorie des vins blancs & des cidres, est assurément très-différente de ma manipulation ou méthode générale des vins rouges, cependant ce sont les

(*a*) Je fais cette observation principalement à l'occasion des nouvelles inventions Chinoises que l'on vient de publier dans un ouvrage qui ne me paroît pas moins nécessaire que curieux, & dont, par cette raison, je crois devoir placer ici le titre. *Etrennes Chinoises. - Cuves & procédés antiméphitiques ou nouvelles Cuves Chinoises pour servir à la façon des vins, avec une nouvelle maniere de faire le meilleur vinaigre à la Chine, au temps de la vendage, &c. Prix 36 s. chez Lacloye, Libraire, rue du Monceau Saint-Gervais, à Paris.*

J'aurois quelques remarques à faire, mais je me plais à croire que, comme bien d'autres, les Auteurs de cet ouvrage n'ont encore aucune connoissance des miens, & que cela seul est la cause de leur silence, comme il peut l'être aussi du peu d'émulation du grand nombre; ce qui peut le justifier, mais n'en est pas moins étrange.

mêmes

mêmes principes & en partie les mêmes pratiques, en ſorte que la différence n'eſt guere que dans l'application. Il en eſt de même, à beaucoup d'égards, de ma derniere méthode de cultiver la vigne, comparée à celle que j'avois publiée quelques années auparavant; ce ſont, en grande partie, les mêmes principes, mais d'autres combinaiſons, & dans l'une & dans l'autre, des vues & des pratiques toutes différentes, plus ou moins, de celles qui ſont en uſage dans tous les vignobles.

J'aurois bien deſiré pouvoir m'épargner une partie de ces détails, mais dans ce ſiecle ſi ſavant, & ſavant même juſqu'au luxe, dans l'Hiſtoire naturelle, dans la Phyſique, dans la Chymie & dans toutes les ſciences de Ville, les connoiſſances ſont encore ſi bornées ſur toutes les choſes de la campagne, c'eſt-à-dire ſur les choſes qu'il importe le plus de ſavoir, que je ne peux guere me diſpenſer d'éclaircir ces dernieres à meſure que l'occaſion s'en préſente, du moins autant que mes lumieres & mes vues me le permettent, car il s'en faut bien que je ſache tout, & que je veuille toujours dire tout ce que je ſais.

Je reviens maintenant à la ſuite de mon expérience, & au vin qu'elle m'a produit; ce vin a été tiré à l'heure même que je ſuis arrivé, le 27, à 9 heures & demie du matin, une demi-heure après le dernier arrosement, ensorte qu'à compter des chaudieres, il a cuvé un peu moins que trois jours: sans être bien trouble, il n'étoit pas clair, il étoit encore un peu chaud au fond du vaisseau, où j'ai plongé la main, mais il étoit très-froid à la canelle, & dans tous le cours de la fermentation, à peine a-t-il été tiede. Cette circonstance & le peu d'élévation sont encore de nouveaux phénomenes pour moi, je ne les avois jamais éprouvés dans aucune de mes fermentations, même avec une aussi petite quantité de vendange & moins bonne, & quoique j'aie toujours fait fouler avant de mettre dans la cuve, & non dedans, comme il est souvent à propos de le faire, en se conformant à la partie du procédé que j'ai donné pour la manipulation générale des vins dans la Richesse des Vignobles, article troisieme & suivans; j'attribue la cause de ces singularités à la disposition des raisins, & à ce que, vu cette disposition, la vendange n'a pas été échauffée assez promptement, car enfin je ne sais que moi seul dans le pays à qui cela soit arrivé.

A la vérité, je vois par quelques-unes des lettres, dont j'ai parlé plus haut, qu'à l'élévation près, qui a été d'un pied, les mêmes ſingularités que je viens de remarquer dans mon expérience, ſe ſont rencontrées dans d'autres, faites dans des cantons beaucoup plus chauds, & quoique les vins ayent été décuvés beaucoup plus tard que le mien : mais il y a lieu de croire que cela ne fut pas arrivé, ſi on avoit employé les chaudieres dans le temps convenable; & en tout cas, ſi par la diſpoſition de l'année ou les circonſtances, ces vins ne pouvoient perdre toute leur douceur, comme il y a bien paru par leur long cuvage, alors il étoit à propos de céder à la nature, que l'on peut bien aider, mais non pas forcer, & comme je l'ai déja dit, il falloit tirer ces vins beaucoup plutôt, ils n'en auroient été que meilleurs. Le mien, tiré ſuivant cette regle, étoit déja de la plus riche couleur, plein, vineux ; quoiqu'avec un reſte de moût, très-agréable, ſans aucun goût de cuit ni de grape, quoique j'euſſe mis en chaudieres le tiers du vin, & que je n'euſſe égrapé, ni la vendange, ni même les chaudieres. J'en ai en tout & pour tout un demi-muid de 150 bouteilles, avec quelques-unes pour l'entretenir pendant les premiers mois. Il n'étoit guere poſſible d'en avoir une moindre quantité. Le vin entonné & la piece bien remplie, il y a eu un petit frémiſſement, mais ſans ébullition proprement dite, aussi ne peut-on guere dire qu'il ait jetté; l'embouchure de la piece a été couverte dès le premier jour comme je l'enseigne, le mouvement intestin a continué, mais avec une diminution graduelle pendant 8 à 10 jours, & au bout de ce temps, & même avant, il avoit perdu, du moins sensiblement, toute sa douceur. Le 6 Octobre, il a été bien bondonné, mais comme il y avoit toujours intérieurement un petit travail, & que, par circonstance, il est placé dans une cave, & non dans un cellier; il a mis plus de temps à s'éclaircir parfaitement. Aujourd'hui, & depuis du temps, il est très-clair & très-vif.

Je ne doutois point que ce vin ne fut le meilleur du pays, mais il étoit bon d'en faire reconnoître la supériorité dans le lieu même, & c'est pourquoi il a été goûté au commenment de Décembre par différens Vignerons, par comparaison avec le leur, & particulierement avec celui du Vigneron qui m'a fourni la vendange. Tous ces vins ne sont pas d'une égale qualité, mais dans le nombre, il s'en est trouvé de fort bons pour le pays, &, ce qui est à remarquer, sans aucun goût sensible de terroir, cependant il n'y a aucun Vigneron qui ne soit convenu que le vin de l'expérience n'ait une qualité décidément supérieure au ſien & au meilleur de tout; c'eſt auſſi le jugement qu'en ont porté pluſieurs Marchands de vin du lieu qui l'ont goûté, & en ont fait la comparaiſon.

Je ne m'en ſuis pas tenu là, le jour même que j'écris ceci, j'ai remis un eſſai du vin de l'expérience, & d'un des meilleurs de ceux qui avoient été goûtés à Belleville, à un de mes Voiſins, Marchand de vin à Paris, & en charge dans ſon corps, ſans lui dire d'où venoient les vins, ni lequel étoit le mien; après déguſtation & comparaiſon faites, il a trouvé celui de l'expérience très-ſupérieur à l'autre. Comparé enſuite à des vins de pluſieurs crus eſtimés, le vin de l'expérience, quoiqu'un peu inférieur pour la qualité, a ſoutenu plus que la comparaiſon pour la beauté de la couleur.

Ce n'eſt pas que je prétende donner ce vin pour un vin d'une grande qualité, ni même le placer au premier rang des vins d'une très-bonne qualité; mais à tout conſidérer, il eſt très-bon, & à coup sûr, & par plus d'une raiſon, il auroit été beaucoup meilleur ſi la cuvée avoit été de 10 à 12 muids, au lieu d'un demi-muid: on n'en doutera point ſi l'on veut bien faire attention que toutes choſes égales d'ailleurs, la quantité favoriſe la qualité, & que le propre de la fermentation étant de dévélopper les esprits du vin, plus cette fermentation est vigoureuse & complete, & plus le vin doit être chargé d'esprits, & parconséquent meilleur; cependant quoiqu'ici la quantité ait été très-petite, & que la fermentation n'ait pu être complete, il est vrai de dire que le vin est d'une grande & riche couleur, vive & franche, & n'a aucun goût de terroir, il a très-peu de verdeur, & n'en auroit aucune si la fermentation plus parfaite en eut plus dévéloppé les esprits; il a du corps du vin; il a de la fermeté, & pourtant du moëlleux; en un mot, c'est un vin d'une très-bonne qualité, & qui ne peut que beaucoup acquérir avec le temps, si l'insuffisance, & sur-tout le trop peu de rapidité de sa fermentation, ne nuisent point à sa durée & à sa perfection. Les Vignerons eux-mêmes, & les Marchands du lieu, ainsi que celui de Paris, conviennent que ce vin vaut au moins un sol par bouteille ou quinze livres par muid plus que les meilleurs vins du pays.

Il est donc vrai que même avec des raisins communs, au moins en grande partie, on pourroit faire des vins d'une très-bonne qualité dans les entours de Paris; c'est une vérité parfaitement démontrée.

Mais il y a plus, c'est que non-seulement on

pourroit avec les mêmes especes de raisins, faire des vins d'une très-bonne qualité dans les années favorables à la mâturité, mais même dans les années où ces raisins seroient plus verds que mûrs, & auroient d'ailleurs le même fonds de qualité que ceux de cette année. A la vérité, en s'en tenant au même procédé, ils seroient moins promptement potables; mais ils finiroient toujours par être très-bons, & tout au moins aussi bons que celui de l'expérience, en supposant qu'on n'eût pas les mêmes désavantages que j'ai éprouvés. Que l'on se rappelle toutes les circonstances de la premiere expérience, & l'on sera convaincu par cette expérience, & plus encore par celle de M. l'Intendant d'Alsace, que je n'avance rien dont les preuves ne soient parfaitement établies, & qui ne soit demontré avec une évidence irrésistible.

Ainsi, malgré le préjugé qui avilit trop généralement les vins des environs de Paris, & qui en a fait un terme de dérision, il n'y a point d'années, ou en les faisant bien, & ou en apportant plus de choix dans les especes (*a*),

(*a*) Il est nécessaire d'observer, à l'occasion des especes de raisins, que, quels qu'elles soient, les vins bien façonnés suivant mes principes, seront toujours beaucoup meilleurs que de toute autre maniere, & que quelquefois même, ils pourront être bons; mais ils le seront tou-

ces vins ne puſſent être bons, & ſouvent très-bons. On pourroit même dans certains cantons, en faire d'excellens, en adoptant tous mes principes ſur la culture de la vigne, & ſur le temps de la vendange, comme ſur la manipulation des vins.

Mais non-ſeulement les vignobles des environs de Paris pourroient faire des vins de bonne qualité dans les années peu favorables, & de très-bonne qualité dans les bonnes années; mais encore les Provinces & les Pays dont il eſt queſtion dans cet écrit, le pourroient auſſi en adoptant mes moyens dans tous les points. Dans le moment, je reçois une lettre d'un Curé du Haynaut, datée du 27 Novembre, qui, avec quelques faits que j'ai cités dans l'Avis & Leçon aux Laboureurs, vient merveilleuſement à l'appui de tout ce que j'ai avancé dans cet ouvrage, & dans l'inſtant même. Cet Eccléſiaſtique me marque que ſa vigne n'eſt qu'à ſa cinquieme année, que le raiſin noir qu'elle produit, appellé dans le pays, Saint-Bernard, mûrit dans les bonnes années vers le milieu de Septembre, & que, quoiqu'il ait eu de grands

jours en n'employant que des raiſins noirs, ou que peu de blancs, ſur-tout ſi ces derniers étoient de la groſſe eſpece.

déſavantages, ſon vin, qu'il a façonné d'après mes principes, eſt très-beau, qu'il en eſt fort content, & qu'il acquiert de plus en plus de la qualité.

Sans doute que le climat des Provinces dont il s'agit, n'eſt pas auſſi favorable à la maturité des raiſins que l'eſt celui de la Bourgogne, mais bien ſûrement l'expoſition au midi y eſt plus chaude que ne le ſont les arrieres côtes de cette Province qui, pourtant, ſont plantées en vignes. Elle eſt auſſi plus chaude que ne le ſont généralement les terreins plats des environs de Paris, qui, en l'état même qu'ils ſont, peuvent cependant produire de très-bons vins, à en juger par le vin de la deuxieme expérience, dont la vendange provient d'un pareil terrein, & non de côte. D'ailleurs combien la nature de la terre ne peut-elle pas, par elle-ſeule, contribuer à l'avancement de la maturité ? J'en ai déja cité un exemple dans un de mes anciens ouvrages, & je l'ai pris dans le vignoble même où étoient ſituées mes vignes. Celles de la plaine, placées dans un ſable chaud, mûriſſent communément ſix ou huit jours, avant celles des côtes qui ſont au Levant & au midi, mais dont les terres ſont plus fortes & moins chaudes. Mais enfin, veut-on, malgré toutes ces raiſons & la propriété que ma nouvelle méthode de cultiver la vigne, a bien certainement de favoriser la maturité, veut-on que dans les pays dont il est question, les raisins n'acquierent jamais autant de maturité qu'ils en ont quelquefois aux environs de Paris, où pourtant les raisins sont généralement plus tardifs, & de moins bonne qualité que ceux que j'ai indiqués dans l'Avis & Leçon aux Laboureurs; au moins, ne pourra-t-on disconvenir qu'ils seront verds; or il est prouvé, & très-bien prouvé qu'avec des raisins verds & très-verds, on peut faire de bons vins, donc, dans l'hythese la plus défavorable, les raisins de ces pays, ne pouvant être que verds ou très-verds, les vins qui en proviendront, & qui seront bien façonnés, ne pourront être que bons, & même très-bons, attendu la bonne qualité des raisins. Il est impossible d'échappper à cette conséquence, ou il faut nier les faits, & à moins d'avoir perdu la raison, on ne peut les nier.

Disons donc qu'il est prouvé incontestablement, & avec la plus grande évidence, que l'on peut toujours faire de bons vins, & suivant les années, de très-bons vins, dans les Provinces & les pays qui ont cessé d'en faire. Ces Provinces, du moins en général, ne feront jamais d'aussi excellens vins qu'on pourroit, en changeant tout, hors la terre, en faire dans certains cantons des environs de Paris, & à plus forte raiſon dans beaucoup de nos autres vignobles; mais, dans les années mêmes défavorables, elles pourroient en faire de bons, & même, ſi elles vouloient, *plus que bons*, au moins, pour une grande partie. On peut conſulter, ſur ce dernier point, l'avis que j'ai mis à la tête de la nouvelle édition de la Richeſſe des Vignobles.

Mais, pour cela, il faudroit un degré d'émulation qu'il eſt bien à craindre qu'il n'y ait jamais, tant que les ſciences académiques, d'un genre ou d'un autre, attireront tout à elles, & qu'elles jouiront d'une conſidération de préférence, & preſqu'excluſive. On vante beaucoup l'eſprit philoſophique du dix-huitieme ſiecle, & on ne peut nier qu'à beaucoup d'égards, ce ne ſoit avec juſtice; en effet, jamais on n'a montré plus de zele pour civiliſer les hommes, pour détruire les préjugés qui en aviliſſent une partie, en un mot, pour éclairer la raiſon, mais pourtant, ſur ce dernier point même, que penſer d'un ſiecle où l'on met encore partout le commerce au-deſſus de l'agriculture, ou l'Agriculture, la premiere des ſciences, n'eſt pas même miſe au nombre des ſciences Académiques, ou l'eſprit de ſyſtême s'éleve contre les Communes, ce ſeul patrimoine des pauvres, ou, par le plus étrange des paradoxes, le haut prix des ſubſiſtances eſt, ou a été regardé comme un bien pour le peuple, *où l'on ſemble ignorer que le numeraire repréſentatif diminue en proportion de l'augmentation du prix des denrées*, ou l'on ne meſure les choſes, & en particulier les inventions que ſur leur éclat, vrai ou faux, & non ſur leur utilité réelle & *populaire*; enfin, ou à l'exception d'un très-petit nombre, tout le reſte ſemble s'endormir ſur le ſort des récoltes, ſur leur abondance, ſur leur qualité, & ce qui n'eſt pas moins intéreſſant, ſur l'économie des avances de toutes les cultures?

Que de traits je pourrois encore ajouter à ceux-ci; mais comme j'en ai dit aſſez pour l'objet que je me propoſe en ce moment, je me hâte de terminer cet Ecrit par la Lettre que j'ai annoncée dans le Diſcours. J'aurois déſiré la ſupprimer pour être plus court; mais plus les refus auxquels elle ſe rapporte, ſont graves, & *plus je me dois*, *ainſi qu'au public*, de m'en juſtifier, & je ne le peux mieux qu'en conſignant dans mes écrits mêmes les raiſons qui, comme dans cette Lettre, *& dans beaucoup d'autres que je ne rapporte pas*, combattent le plus fortement mes refus, & celles qui en font voir la néceſſité ou au moins la juſtice.

Mais avant d'entrer dans cette diſcuſſion, & de rapporter la Lettre dont il s'agit, je crois devoir rappeller l'avis que j'ai donné dans mon dernier ouvrage, ſur l'envoi de mes livres. Pour faciliter la circulation de l'inſtruction dans les Provinces, j'ai conſenti d'y faire paſſer mes livres, francs de port, en m'en faiſant tenir le prix par la poſte, & *non autrement*, & en en affranchiſſant le port, ainſi que celui de la lettre, qui ſera adreſſée *à M. Maupin*, *Auteur de la Richeſſe des Vignobles*, *rue du Pont-aux-choux*, *au petit Hôtel de Poitou*, *à Paris*.

LETTRE

A l'occaſion de la ſeule Richeſſe du Peuple.

LE plus grand honneur & la réponſe la plus ſatisfaiſante que je puiſſe faire au reſpectable Auteur de cette Lettre, eſt de la mettre ſous les yeux du Public; cela eſt d'autant plus convenable que c'eſt à lui qu'elle ſe rapporte, & qu'il s'y agit uniquement de ſes intérêts. Je ne ſais quelle impreſſion elle fera ſur lui; mais j'avouerai que, quoique je n'ignoraſſe aucun des motifs que le vénérable Abbé m'y préſente, elle en a faite une très-grande ſur moi, comme ſur toutes les perſonnes auxquelles j'en ai donné la lecture.

Je ne connois nullement l'Auteur de cette Lettre, & ce n'est que par celle qu'il m'a fait l'honneur de m'écrire le 14 Août dernier, pour me demander ceux de mes Ouvrages qui lui manquoient, que j'ai appris pour la premiere fois, son existence, & celle de son Abbaye. C'est à l'occasion de la réponse que je lui ai faite, qu'il m'a écrit la Lettre que je vais rapporter, après que j'aurai fait les observations qui suivent.

La premiere, c'est que s'il n'y avoit de très-grandes différences entre la seule richesse du peuple que j'avois promise, & celle que j'ai publiée en 1778, en quelque sorte pour essai, je n'aurois sûrement pas hésité à faire réimprimer cette derniere.

La seconde, que j'ai publié dans l'Avis & Leçon aux Laboureurs, qui *existe*, les principes les plus fondamentaux de mon nouveau systême, quant à la partie rurale, & en particulier pour la culture des terres, que ces principes sont vrais ou faux, & que s'ils sont faux, il falloit les attaquer; mais que s'ils sont vrais, évidens & certains comme je le soutiendrois en face de toutes les Societés d'Agriculture, de tous les Savans & de toutes les Académies, il falloit le dire dans toutes les lettres qui m'ont été écrites à cette occasion, le publier dan tous les Journaux & dans toutes les Sociétés, parce que comme je le ſoutiendrois encore, mes vues & mes principes intéreſſent eſſentiellement toutes les Sociétés; enfin il falloit adopter par-tout ces vues & ces principes, & les mettre en pratique.

La troiſieme, que ces principes, indépendamment de la confiance que doivent inſpirer mes autres découvertes, ſont des garans ſuffiſans, ſinon de la perfection de mes deux plans de culture, au moins de leur ſolidité, & de la vérité de mes promeſſes.

Comme bien des perſonnes ignorent en quoi conſiſtent ces promeſſes, je vais les expoſer, quant à la partie rurale de la ſeule Richeſſe du Peuple. Je ne dirai rien de la partie philoſophique, parce qu'il y a encore moins d'apparence que je la donne que l'autre, quoique peut-être, elle ne fut pas moins intéreſſante. Quel tort ne peuvent pas faire les préjugés! Il n'en faut qu'un pour faire quelquefois le malheur de tout un peuple.

J'avois donc promis pour la culture des grains, un premier plan, & enſuite un ſecond plan plus économique que le premier qui, ſi on l'avoit voulu, auroit embelli toutes nos campagnes, & en auroit fait un ſuperbe Jardin. J'avois été plus loin, parce qu'alors ma ſanté me le permettoit encore, comme aujourd'hui elle ne me le permet plus, j'avois offert d'exécuter ce plan à la porte Maillot, ſous les yeux de tout Paris. J'avois promis qu'à la faveur de ce plan, on pourroit économiſer en France, ſur la ſeule culture des grains, quatre-vingts, à cent millions par année : j'avois promis, avec explication, de rendre fécondes les terres les plus ſtériles ; j'avois promis de multiplier toutes les productions de la terre, & par elles, les hommes, les animaux & tous les objets de commerce ; j'avois promis de procurer par-tout l'abondance par *des moyens d'économie* ; j'avois promis, ſi j'avois été aidé, d'aſſurer à jamais la ſubſiſtance des peuples en en faiſant baiſſer le prix pour toujours, & d'accomplir enfin le vœu ſi mémorable du bon Henri pour la poule au pot. C'eſt même par ce trait que j'avois terminé mon ouvrage ; en un mot, j'avois promis la *ſeule Richeſſe du peuple.*

Voilà tout ce que j'avois promis avec tous les biens qui en ſont la ſuite, je n'avois rien promis au-delà, car mon intention n'a jamais été de faire une Maiſon Ruſtique ; mais auſſi je n'avois rien promis qui fut au-deſſus de mes forces, & que je n'euſſe pu alors, au moyen des expériences que j'avois propoſées, mettre dans un haut degré d'évidence & de perfection ; mais le temps paſſé n'eſt plus ; cependant pour mettre ma mémoire à l'abri de tout reproche, je déclare que j'aurai l'honneur de mettre cet écrit ſous les yeux de tous les Miniſtres, & de MM. les Intendans, & que je le ferai paſſer à tous les Auteurs des papiers périodiques; & qu'au ſurplus, je ne demande ni place, ni récompenſe, ni argent, ni indemnité, quoique j'aie déja donné les plus grandes découvertes, & que je ſois en avance de plus de quinze cens louis, & de plus de vingt années de travail. Tout ce que j'aurois demandé, ſans refuſer cependant les honneurs qni peuvent être dûs aux plus grands ſervices, c'eſt l'émulation générale que j'ai tenté tant de fois d'exciter, & toujours inutilement; c'eſt que toutes mes découvertes, & particulierement mon ſyſtême pour l'adminiſtration de toutes les parties de l'Agriculture, euſſent été généralement adoptées, & que j'en euſſe vu l'exécution de mes yeux. Pouvois-je exiger moins, ſans trahir la cauſe commune de tous les talens, & celle même de l'humanité?

Voici maintenant la lettre, à l'occaſion de laquelle je viens de faire cet expoſé.

..... « C'eſt une ſatisfaction pour moi, de » penſer, Monſieur, qu'au moyen de l'envoi que » vous voudrez bien me faire, j'aurai tous vos » ouvrages, du moins ceux qu'il eſt poſſible d'a-

» voir ; mais il me reftera toujours le regret d'être » privé de *la feule Richesse du peuple*, *au moyen » de faire baisser le prix de toutes les subsistances*, » *& de tous les objets de commerce quelconques*. Je » fais qu'il a été imprimé, & j'ai fait tout ce qui » a dépendu de moi pour l'avoir ; mais inutile- » ment jufques-ici, ce qui m'afflige d'autant plus » qu'à en *juger par vos autres ouvrages*, il rem- » pliroit l'objet fi important & fi cher aux amis » de l'humanité, de préferver les pauvres de la » faim & de la mifere ; ce qui me paroît bien » préférable à la richeffe de l'Etat, & à l'ai- » fance des Particuliers. S'il vous étoit poffible » de me le procurer, je vous affure, Monfieur, » que je vous en aurois la plus grande obligation, » même en le payant tout ce que vous jugeriez » à propos. Je ne vous parle point de votre » nouveau plan plus économique encore & plus » productif que vous avez annoncé pour la culture » des grains feulement, puifque vous déclarez » que vous ne le donnerez pas, & que vous ne » devez pas le donner. Je refpecte vos motifs, » & vos raifons là-deffus, quoique je ne les » pénétre pas, & que je ne puiffe pas » même les foupçonner ; mais à moins que.... » Comment pouvez-vous vous refufer (j'en ai » dit les raifons) à la fatisfaction fi pure, fi douce, » fi flatteufe, d'être le bienfaiteur de genre humain

» (je le ſuis ſans cela, quoiqu'avec cela je le » fûſſe plus encore) & d'être aſſuré que votre » nom ſera immortel, & votre mémoire bénie » dans toute la terre, tant qu'il y aura des hom- » mes obligés de manger du pain pour vivre. Si » vous devez vos grandes découvertes à vos » peines, vos ſoins, vos veilles, vos travaux & » à vos dépenſes mêmes, croyez-vous que vous » n'en ſoyez pas encore plus redevable à la di- » vine Providence qui n'a béni vos efforts d'une » maniere ſi avantageuſe que pour vous faire ſen- » tir qu'elle vous avoit choiſi pour être l'inſtru- » ment de ſa bienfaiſance, & qu'elle mettoit en » quelque ſorte dans vos mains une partie de ſa » puiſſance créatrice, bien plus en faveur de tous » les hommes que pour votre intérêt particulier » vous devez l'y trouver, ſans doute, rien ne » ſeroit plus juſte, & je ne comprends pas. . . . » Mais ſi les hommes, en général, ne ſont » touchés que d'un intérêt évident, préſent & en » quelque ſorte palpable. (Les découvertes que » j'ai déja données ont toutes ces qualités, elles » intéreſſent eſſentiellement les trois quarts des » Nations de l'Europe, & on a vu comme les » hommes en ſont touchés). S'ils ſont légers, » s'ils ſont ingrats, les graces ſi particulieres & » ſi ſenſibles que vous tenez de la Providence, » ne vous permettent pas de l'être. Vous êtes

» chargé d'un fideï-commis que vous êtes tenu de » rendre à vos freres (je le leur ai offert nombre » de fois, & ils n'en ont pas voulu) & que » vous ne devez pas enſevelir ſous votre pierre » tumulaire, ſous peine d'être maudit de Dieu » & des hommes. J'en ſuis convaincu, Monſieur, » & ſi vous y réfléchiſſez, je ne doute pas que » votre droiture, votre humanité & votre con- » ſcience même ne vous répétent ce que j'ai l'hon- » neur de vous dire dans les ſentimens de la reſ- » pectueuſe conſidération avec leſquels je ſuis, » Abbé-Général de S[illegible] 28 Août 1783. »

APPROBATION.

J'AI lu par ordre de Monſeigneur le Garde des Sceaux un Manuſcrit ayant pour titre : *Mes Expériences auprès de Paris*, &c. par M. Maupin, faiſant partie de ſes Œuvres ſur la Vigne & le Vin, & je n'y ai rien trouvé qui m'ait paru devoir en empêcher l'impreſſion. A Paris ce 29 Décembre 1783. DE SAUVIGNY.

Le privilége ſe trouve à la fin de la Théorie ſur le temps de la vendange.

Pour le prix d'un exemplaire ayant pour titre, Mes Expériences auprès de Paris, &c. M.

m'a payé la ſomme de vingt ſols, aux fins énoncées dans mes Ouvrages. A Paris, ce 1784.

www.ingramcontent.com/pod-product-compliance
Lightning Source LLC
LaVergne TN
LVHW012001160826
845678LV00002B/660

* 9 7 8 2 3 2 9 6 8 1 0 2 3 *